BEI GRIN MACHT SICH IHR WISSEN BEZAHLT

- Wir veröffentlichen Ihre Hausarbeit, Bachelor- und Masterarbeit

- Ihr eigenes eBook und Buch - weltweit in allen wichtigen Shops

- Verdienen Sie an jedem Verkauf

Jetzt bei www.GRIN.com hochladen und kostenlos publizieren

Bibliografische Information der Deutschen Nationalbibliothek:

Die Deutsche Bibliothek verzeichnet diese Publikation in der Deutschen National-
bibliografie; detaillierte bibliografische Daten sind im Internet über http://dnb.d-
nb.de/ abrufbar.

Dieses Werk sowie alle darin enthaltenen einzelnen Beiträge und Abbildungen
sind urheberrechtlich geschützt. Jede Verwertung, die nicht ausdrücklich vom
Urheberrechtsschutz zugelassen ist, bedarf der vorherigen Zustimmung des Verla-
ges. Das gilt insbesondere für Vervielfältigungen, Bearbeitungen, Übersetzungen,
Mikroverfilmungen, Auswertungen durch Datenbanken und für die Einspeicherung
und Verarbeitung in elektronische Systeme. Alle Rechte, auch die des auszugsweisen
Nachdrucks, der fotomechanischen Wiedergabe (einschließlich Mikrokopie) sowie
der Auswertung durch Datenbanken oder ähnliche Einrichtungen, vorbehalten.

Impressum:

Copyright © 2019 GRIN Verlag
Druck und Bindung: Books on Demand GmbH, Norderstedt Germany
ISBN: 9783668866836

Kilian Koch

Das Fundament der komplexen Zahlen und eine von deren Anwendung in der Wechselstromtechnik

GRIN Verlag

GRIN - Your knowledge has value

Der GRIN Verlag publiziert seit 1998 wissenschaftliche Arbeiten von Studenten, Hochschullehrern und anderen Akademikern als eBook und gedrucktes Buch. Die Verlagswebsite www.grin.com ist die ideale Plattform zur Veröffentlichung von Hausarbeiten, Abschlussarbeiten, wissenschaftlichen Aufsätzen, Dissertationen und Fachbüchern.

Besuchen Sie uns im Internet:

http://www.grin.com/

http://www.facebook.com/grincom

http://www.twitter.com/grin_com

Das Fundament der komplexen Zahlen

und eine von deren Anwendung in der

Wechselstromtechnik

von

Kilian Koch

Mies-van-der-Rohe-Schule

Inhaltsverzeichnis

1. Einleitung...S.1

2. Geschichte..S.2

3. Definition und Darstellungsarten der komplexen Zahlen..........................S.3

    3.1 Die Erweiterung der Zahlenebene...S.3

    3.2 Der Transfer vom Vektor zur komplexen Zahl..................................S.4

    3.3 Die Polarkoordinatenform..S.6

    3.4 Gleichheit und Ungleichheit der komplexen Zahlen..........................S.9

4. Arithmetik...S.9

    4.1 Addition und Subtraktion...S.9

    4.2 Multiplikation und Division..S.11

5. Die komplexe Exponentialfunktion..S.14

    5.1 Eulersche Formel..S.14

    5.2 Der natürliche Logarithmus..S.16

6. Trigonometrie auf komplexer Zahlenebene..S.17

    6.1 Sinus, Kosinus und Tangens...S.17

    6.2 Arkusfunktionen auf komplexer Zahlenebene.................................S.18

7. Die komplexe Wechselstromrechnung...S.19

    7.1 Neue Definitionen innerhalb der Elektrotechnik..............................S.19

    7.2 Der komplexe Widerstand oder die Impedanz................................S.20

    7.3 Anwendung der Impedanz Tiefpass...S.22

    7.4 Der Hochpass das Gegenstück zum Tiefpass.................................S.24

8. Schluss...S.25

9. Literaturverzeichnis...S.26

10. Abbildungsverzeichnis..S.27

11. Stichwortverzeichnis...S.28

1. Einleitung

Diese Facharbeit handelt von der Basis der komplexen Zahlen, sowie von einem passenden Beispiel in der Wechselstromtechnik. Das Ziel dieser Facharbeit ist es die Grundlagen der komplexen Zahlen klar darzustellen. Man beginnt mit der Geschichte bzw. der Herkunft der komplexen Zahlen, um die Gründe der Existenz der komplexen Zahlen nachvollziehen zu können. Nachfolgend fügt die Facharbeit die Grundlegenden Definition der komplexen Zahlen hinzu, damit im weiterführendem Verlauf der Facharbeit das nötigende Grundverständnis entwickelt ist. Die Grundlagen bestehen aus der Analogie der komplexen Zahlen mit einem Vektor, den Polarkoordinaten und der Logik der Ungleichungen mit komplexen Zahlen. Wenn die Fundamentalen Definitionen erfasst sind, beginnt das nächste Kapitel mit der Arithmetik der komplexen Zahlen. Die Arithmetik zeigt die ersten besonderen Eigenschaften der komplexen Zahlen auf, im Bezug auf die Winkel und den Betrag einer komplexen Zahl. Das folgende Kapitel beinhaltet die komplexe Exponentialfunktion,da sie ein periodisches Verhalten bekommt und somit einer der Hauptgründe ist weswegen verschiedene technische Bereiche komplexen Zahlen nutzten. Die komplexe Exponentialfunktion ist aufgrund dessen unabdingbar als Grundlage anzusehen. Im fortlaufenden der Facharbeit geht es um die Trigonometrie der komplexen Zahlen, damit das Verständnis der periodischen Funktion für die komplexe Zahlenmenge klar wird. Als Abschluss bezieht sich die Facharbeit auf die komplexe Wechselstromrechnung, da die Elektrotechnik Gebrauch an den komplexen Zahlen findet. Die komplexe Wechselstromrechnung ist dafür ein simples und klares Beispiel dafür, wie die komplexen Zahlen der Technik weiterhelfen kann. Jedoch muss man bei jeder dieser Kapitel beachten, dass die Facharbeit nicht zu tief ins Detail eintauchen wird und nicht versucht die komplexen Zahlen als Zahlenmenge in jeglichen Bereichen vollkommen zu Beweisen. Ebenso das technische Kapitel kratzt nur an der Möglichkeiten der komplexen Zahlen an und dient lediglich als anschauliches Anwendungsbeispiel.

2. Geschichte

Um zu sehen wo und warum die komplexen Zahlen notwendig wurden in der Geschichte der Mathematik muss man quadratische Gleichungen betrachten. Ist die quadratische Gleichung der Form

$$x^2 + px + q = 0$$

vorgelegt, so kann man diese mit der pq-Formel lösen.

$$x_{1,2} = \frac{-p \pm \sqrt{p^2 - 4q}}{2}$$

Da $p^2 - 4q$ unter der Wurzel steht kann man sagen:

$p^2 - 4q > 0$, sonst gibt es keine Lösung.

Dies entsteht durch das Wissen, dass negative Zahlen innerhalb geradzahligen Wurzeln keine Lösung haben. Schon 820 n. Chr. wurde diese Eigenschaft von Muhammed ibn Mûsâ Alchwârizmî erkannt. Der Italiener Hieronimo Cardanus (1501-1576) hatte jedoch ein Problem damit, dass $p^2 - 4q$ nicht lösbar sei. Folglich betrachtete er in seinem Werk „Artis magnae sive de regulis algebraicis liber unus" die quadratische Gleichung

$$x(10-x) = 40 \quad oder \quad x^2 - 10x + 40 = 0$$

Er suchte zwei Zahlen, welche aufsummiert 10, doch multipliziert 40 ergaben. Dies wollte er, da sein Werk „Artis magnae sive de regulis algebraicis liber unus" verschiedene Algebraische Aufgaben aufzeigen sollte. Nun versuchte er die Aufgabe zu lösen und kam zu folgendem Ergebnis:

$$x_{1,2} = 5 \pm \sqrt{-15}$$

Diese Lösung ist falsch, da eine negative Zahl in einer quadratischen Wurzel nicht möglich ist. Doch Cardanus ignorierte diese Aussage und setzte die Lösungen ein. Erstaunlicherweise funktionierte es.

$$(5 \pm \sqrt{-15})(10 - (5 \pm \sqrt{-15})) = 40 \quad ebenso \quad (5 + \sqrt{-15}) + (5 - \sqrt{-15}) = 10$$

Die Geburtsstunde der komplexen Zahlen.

Da jedoch Wurzeln aus negativen Zahlen zu schreiben umständlich war definierte man

$i^2 = -1$. Die komplexen Zahlen wurden jedoch vorerst imaginäre Zahlen genannt, da diese trotz der erfolgreichen Lösungen größtenteils keine Anwendung hatte. Die komplexen Zahlen haben in der Mathematik einiges verändert oder detaillierter dargestellt. Als Beispiel die Linearfaktor Form der n-Polynome.

$$f(x) = a \prod_{k=0}^{n} (x - j_k)$$

$j := Nullstelle$
$k := Die wievielte Nullstelle$
$n := Die Anzahl der Nullstellen$
$a := Vorfaktor$

Diese Form funktionierte nur, wenn das Polynom n-Grades n-reelle Nullstellen aufweist.

Durch das Erweitern auf die komplexen Zahlen kann diese Form auf jede Funktion abgebildet werden, da j nun eine komplexe Zahl sein durfte. Die komplexen Zahlen wurden immer mehr in ihrer Funktion erweitert, von Leuten wie C.F Gauß, Leonhard Euler, bis man verschiedene Ideen und Theorien aus heutiger Zeit gefunden hat. [Q.1, S.300 – S.303]

3. Definition und Darstellungsarten der komplexen Zahlen

Im folgenden Kapitel betrachtet man was eine komplexe Zahl bildet und grundlegende mathematische Definition sowie Darstellungen der komplexen Zahlen.

3.1 Die Erweiterung der Zahlenebene

Damit man nun die komplexen Zahlen als neue Zahlenmenge betrachten kann, muss man diese als Körper definieren. Dies bedeutet zu definieren welche algebraischen Eigenschaften die komplexen Zahlen in Addition, Subtraktion, Multiplikation und Division besitzen [vgl. Kapitel 4 Arithmetik]. Zuerst benötigt man einen Zusammenhang zu den reellen Zahlen. Um diesen Zusammenhang zu erstellen, betrachtet man den reellen Zahlenstrahl.

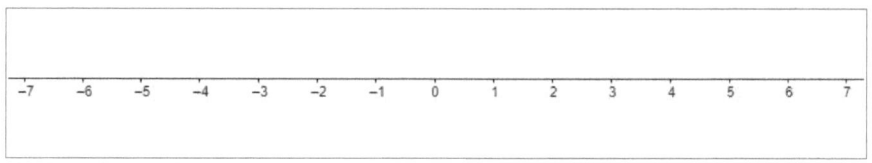

Abbildung 1: Der reelle Zahlenstrahl

Es ist sichtbar, dass eine komplexe Zahl hier nicht auffindbar ist. Eine komplexe Zahl ist nur auffindbar, wenn man den Zahlenstrahl auf eine 2-Dimensionale Zahlenebene erweitert. Diese Zahlenebene (auch genannt gaußsche Ebene) zeigt auf, dass die komplexen Zahlen sich ähnlich verhalten werden, wie Vektoren in einer 2-Dimensionalen Zahlenebene. [Q.1, S.304 – S.305]

3.2 Der Transfer vom Vektor zur komplexen Zahl

Da eine Komplexe Zahl nur zweidimensional existieren kann, könnte man annehmen, dass diese als Vektor darstellbar sein könnte. Zum Vergleich ein Vektor ist wie folgt dargestellt:

$$\vec{v} = \begin{pmatrix} a \\ b \end{pmatrix} a, b \in \mathbb{R}$$

Eine komplexe Zahl dagegen:

$$z := a + bi$$
$$a, b \in \mathbb{R}$$
$$i^2 := -1$$
$$z \in \mathbb{C}$$

Als Beispiel kann man die Zahlen aus dem ersten Kapitel als komplexe Zahl darstellen. Die Zahl $x_{1,2} = 5 \pm \sqrt{-15}$ ergibt nach ausmultiplizieren der Wurzel $x_{1,2} = 5 \pm \sqrt{15}\sqrt{-1}$ und damit $x_{1,2} = 5 \pm \sqrt{15}\,i$. Diese Form einer komplexen Zahl ist die algebraische Darstellungsform. Nun ist der Vergleich gut sichtbar, da a und b die gleiche Bedeutung in dem Vektor haben sowie in der komplexen Zahl. a ist die Horizontale Verschiebung des Vektors während b die vertikale Verschiebung darstellt. Dadurch repräsentiert b den Imaginärteil der komplexen Zahl, während a den Realteil darstellt.

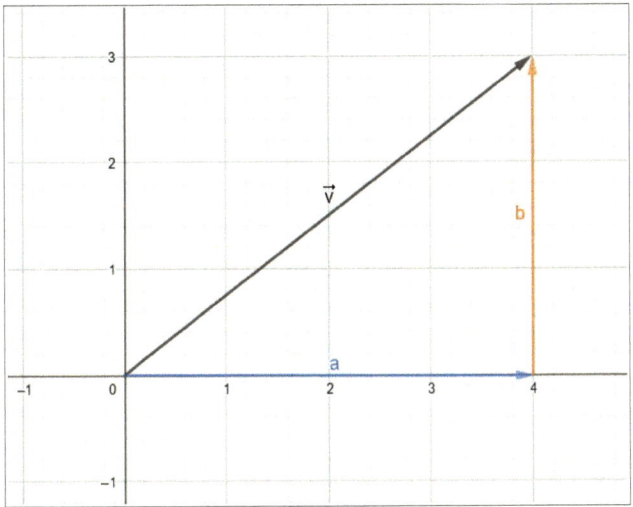

Abbildung 2: Das Vektorfeld

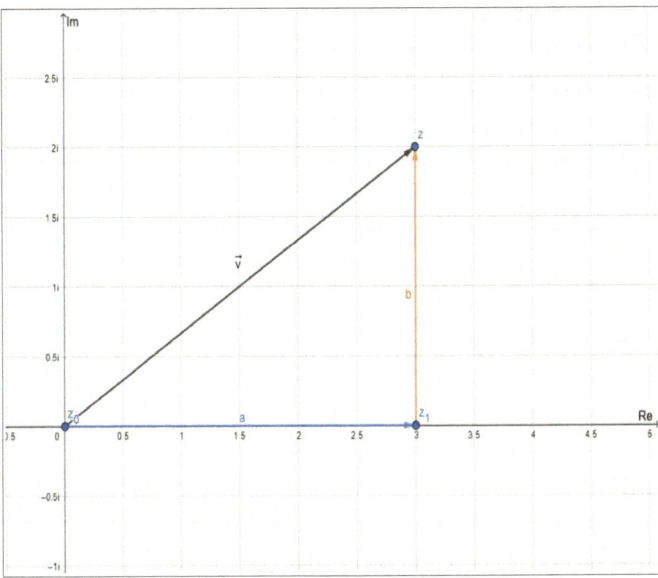

Abbildung 3: Die gaußsche Ebene

In Abb.2 ist sichtbar wie der Vektor $\vec{v}$ sich zusammen stellt. Der Vektor startet im Ursprung und bewegt sich a Einheiten horizontal und b Einheiten vertikal um an die gewünschte Stelle zu kommen. Vergleichbar ist es mit einer komplexen Zahl in der gaußschen Ebene. Man sieht in Abb.3 die Punkte z_0, z_1 und z , welche für den Weg stehen, den die die komplexe Zahl gemacht hat. Die komplexe Zahl startet bei $z_0 = 0 + 0i$ und bewegt sich a Einheiten vertikal zu $z_1 = a + 0i$. Folglich bewegt die komplexe Zahl sich nun zu $z = a + bi$ durch eine vertikale Verschiebung b . Der Vektor $\vec{v}$ zeigt den direkten Weg vom Ursprung bis zum Punkt der komplexen Zahl. Die komplexe Zahl kann folglich an sich als Vektor $\vec{v}$ bezeichnet werden, doch wird die Form $z = a + bi$ beibehalten. Eine andere Änderung auf der gaußsche Ebene ist die Markierung der Koordinatenachsen. Die Vertikale-Achse wird mit Im (imaginäre-Achse) abgekürzt während die Horizontale-Achse mit Re (reelle-Achse) abgekürzt wird. Für den späteren Verlauf ist die komplementäre bzw. konjugierte Form einer komplexen Zahl wichtig [vgl. Kapitel 3.3 Die Polarkoordinatenform] . Die komplementär Form lautet $\bar{z} = a - bi$. [Q.1, S.303 – S.305] [Q.2, S.17 – S.19]

3.3 Die Polarkoordinatenform

Die Polarkoordinatenform gibt einem die Möglichkeit, die komplexen Zahlen anders zu betrachten und mögliche Eigenschaften der komplexen Zahlen zu zeigen [vgl. 4.2 Multiplikation und Division]. Wie in dem Abschnitt 3.2 kann eine komplexe Zahl als ein Vektor abhängig vom Ursprung im zweidimensionalen Raum betrachtet werden. Dies erzeugt einen Winkel zwischen der komplexen Zahl und der reellen Achse.

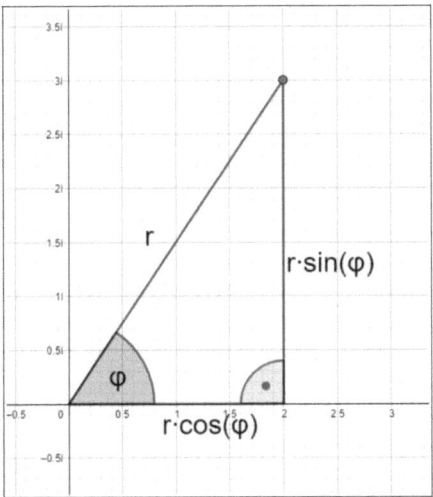

Abbildung 4: Polarkoordinaten auf der gaußschen Ebene

Es ist sichtbar, dass sich ein rechtwinkliges Dreieck gebildet hat. Die Gegenkathete vom Winkel ϕ bildet somit den imaginären Teil der komplexen Zahl. Die Ankathete vom Winkel ϕ ist schlussfolgernd der reelle Teil. Man benutzt den Radius r als Hypotenuse. Somit kann man den reellen bzw. den imaginären Anteil bestimmen durch die Eigenschaften von Sinus und Kosinus.

Aus $\sin(\phi)=\dfrac{\Im(z)}{r}$ wird $r\cdot\sin(\phi)=\Im(z)$ und aus $\cos(\phi)=\dfrac{\Re(z)}{r}$ wird $r\cdot\cos(\phi)=\Re(z)$.

$\Im(z)$ oder $\operatorname{Im}(z)$ ist der imaginäre Anteil von der komplexen Zahl z . Während $\Re(z)$ oder $\operatorname{Re}(z)$ den reellen Anteil wiedergibt von der komplexen Zahl z . Nun ist es einem möglich die Polarkoordinaten darzustellen, da man nun den imaginären sowie den reellen Anteil einer komplexen Zahl mit einem Winkel und einem Radius in Zusammenhang gebracht hat. Die bekannte algebraische Form lautet: $z=a+bi$

Nun ersetzt man den reellen und imaginären Anteil durch die Ergebnisse und erhält

$z=r\cos(\phi)+i\cdot r\sin(\phi)$ nach ausklammern der Variabel r bekommt man $z=r(\cos(\phi)+i\sin(\phi))$.

Man muss folglich wissen, wie man ϕ und den Radius r berechnen kann. Man geht davon aus, dass man von der algebraischen Form in die Polarkoordinatenform möchte und somit der imaginäre sowie der reelle Anteil bekannt ist. Da ϕ wie in Abb.4 gezeigt in einem rechtwinkligen Dreieck ist, kann man diesen durch den $\tan(\phi)$ berechnen.

$$\tan(\phi)=\frac{GK}{AK} \quad => \quad \tan(\phi)=\frac{\Im(z)}{\Re(z)}$$
$$\phi=\arctan\left(\frac{\Im(z)}{\Re(z)}\right)$$

Wichtig ist die Mehrdeutigkeit des Arkustangens welche definiert ist:

$z\in\mathbb{C}$	$n\in\mathbb{Z} \quad \phi= \quad arg(z)=$
$\Re(z)>0$	$\arctan\left(\frac{\Im(z)}{\Re(z)}\right)+2\pi n$
$\Re(z)<0$	$\arctan\left(\frac{\Im(z)}{\Re(z)}\right)+\pi+2\pi n$
$\Re(z)=0$ und $\Im(z)<0$	$\frac{\pi}{2}+2\pi n$
$\Re(z)=0$ und $\Im(z)>0$	$-\frac{\pi}{2}+2\pi n$

Man beschreibt die Winkelbestimmung als Argument $arg(z)$.

Den Radius berechnet man durch den Satz des Pythagoras.

$$r=\sqrt{\Im(z)^2+\Re(z)^2} \quad => \quad r=|z|$$

Direkt sichtbar ist die Betragsfunktion, welche für komplexe Zahlen neu definiert wurde.

$$|z|=|a+bi|=\sqrt{a^2+b^2}=\sqrt{z\cdot\bar{z}}$$
$$|z|=|\Re(z)+\Im(z)i|=\sqrt{\Re(z)^2+\Im(z)^2}$$

Schlussendlich ist somit die Polarkoordinatenform wie folgt aufgebaut:

$$z=|z|(\cos(\phi)+i\sin(\phi))$$

Als Beispiel kann man die Zahl aus dem ersten Kapitel in Polarkoordinatenform darstellen. Die Zahl $x_{1,2}=5\pm\sqrt{15}\,i$ hat ein $arg(z)$ und einen Radius r . Nach anwenden der Formeln für den $arg(z)$ und dem Radius r bekommt man als Zahl

$$x_{1,2}=\sqrt{40}(\cos(0.659)\pm i\sin(0.659)) \quad [Q.2, S.20-S.27]\,[Q.1, S.313-S.317]$$

3.4 Gleichheit und Ungleichheit der komplexen Zahlen

Eine Frage die man sich stellen könnte ist wie das größer kleiner Verhältnis bei den komplexen Zahlen fungiert. Eine komplexe Zahl kann nicht einfach mit den Symbolen $<$, $=$ oder $>$ verglichen werden. Als Beispiel nimmt man an, dass $i > 0$ ist.

$$i > 0 \Rightarrow i^2 > 0 \cdot i$$
$$-1 > 0$$

Die Aussage $-1 > 0$ ist ein Widerspruch. Man muss die Vergleiche innerhalb der komplexen Zahlen anders nutzten. Man darf nur den imaginären Teil mit einem imaginären Teil vergleichen sowie der reelle Teil nur mit einem reellen Teil verglichen werden kann. Als Beispiel:

$$z = 3 + 2i$$
$$u = 4 + i$$
$$\Re(z) < \Re(u) \quad \Im(z) > \Im(u)$$

[Q.1, S.305 – S.307]

4. Arithmetik

Im Kapitel 4 wird man die Arithmetik des Körper der komplexen Zahlen betrachten. Es wird sichtbar, dass die Grundlegende Arithmetik der reellen Zahlen analog ist zu der Arithmetik der komplexen Zahlen.

4.1 Addition und Subtraktion

Wie in 3.2 beschrieben, ist eine komplexe Zahl vergleichbar mit einem 2-Dimensionalen Vektor. Somit kann man vermuten, dass die Arithmetik ebenfalls vergleichbar oder gar gleich ist. Die Addition sowie die Subtraktion sind gleich, wie in der Vektorrechnung. Man addiert bzw. subtrahiert die Realteile miteinander sowie die Imaginärteile miteinander addiert bzw. subtrahiert werden. Zur Veranschaulichung ein Beispiel:

$$\vec{v} = \begin{pmatrix} 1 \\ 2 \end{pmatrix} \quad \vec{g} = \begin{pmatrix} 3 \\ -2 \end{pmatrix}$$
$$\vec{v} + \vec{g} = \begin{pmatrix} 1 \\ 2 \end{pmatrix} + \begin{pmatrix} 3 \\ -2 \end{pmatrix} = \begin{pmatrix} 1+3 \\ 2+(-2) \end{pmatrix} = \begin{pmatrix} 4 \\ 0 \end{pmatrix}$$

$$v = 1 + 2i \quad g = 3 - 2i$$
$$v + g = (1 + 2i) + (3 - 2i) = (1 + 3)(2 - 2)i = 4 + 0i = 4$$

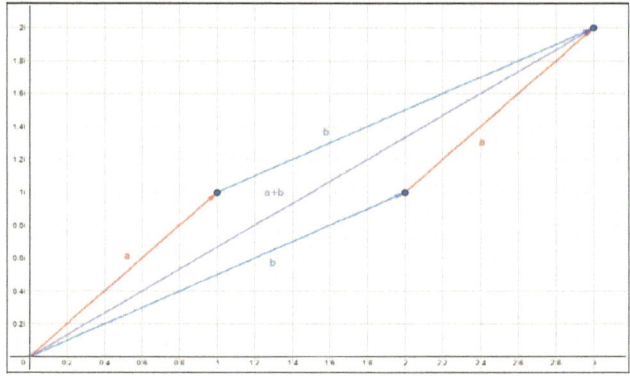

Abbildung 5: Addition zwei komplexer Zahlen $a, b \in \mathbb{C}$

Um die Addition deutlicher darzustellen sieht man in Abb.5 wie sich diese Operation in den komplexen Zahlen verhält. Gut sichtbar ist das geometrische Verhalten zweier komplexer Zahlen bei der Addition. Sie erzeugen, wie bei der Vektorrechnung, ein Parallelogramm. Die Diagonale vom Ursprung zur gegenüberliegenden Ecke ergibt die Addition der zwei komplexen Zahlen.

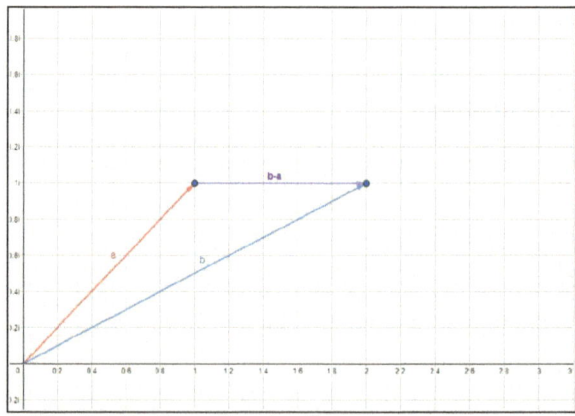

Abbildung 6: Subtraktion zwei komplexer Zahlen

Der direkte Weg zwischen den zwei komplexen Zahlen a und b zeigt das Ergebnis der Subtraktion. Die komplexe Zahl $b-a$ muss nun an den Ursprung bewegt werden, damit diese auch gültig ist.

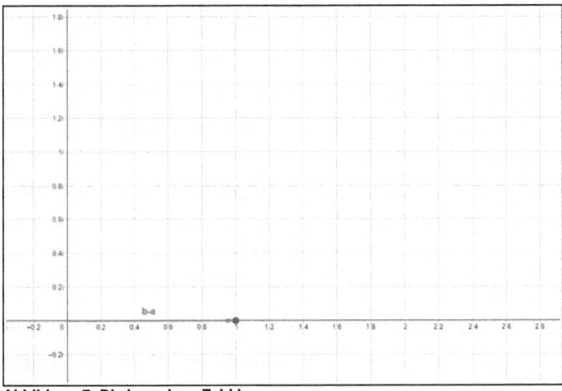

Abbildung 7: Die komplexe Zahl b-a

[Q.1, S.307 – S.308 ; S.317 – S.319] [Q.2, S.6 – S.9]

4.2 Multiplikation und Division

Die Multiplikation sowie die Division haben keine geometrischen Eigenschaften auf der gaußschen Ebene. Die Multiplikation bzw. Division zeigen Merkmale bei der Veränderung des Winkels sowie des Betrages einer komplexen Zahl auf. Jedoch verhalten sich komplexe Zahlen bei der Multiplikation vollkommen gleich wie bei den reellen Zahlen. Das bedeutet die Kommutativität sowie das Distributivgesetz gelten bei den komplexen Zahlen ebenso.

Als Beispiel:

$$v=1+2i \quad g=3-2i$$
$$v \cdot g =(1+2i) \cdot (3-2i)=(1 \cdot 3)+(1 \cdot (-2i))+(2i \cdot 3)+(2i \cdot (-2i))$$
$$=3-2i+6i+4=7+4i$$

Wenn man nun die Multiplikation bzw. Division auf der gaußschen Ebene betrachtet, sieht man, dass die Beträge zwischen den komplexen Zahlen sich multiplizieren bzw. dividieren und die Winkel miteinander addieren bzw. subtrahieren. Diese Eigenschaft der komplexen Zahlen ist über die Polarkoordinatenform herleitbar. Dazu nimmt man zwei komplexe Zahlen a und b welche in Polarkoordinatenform sind.

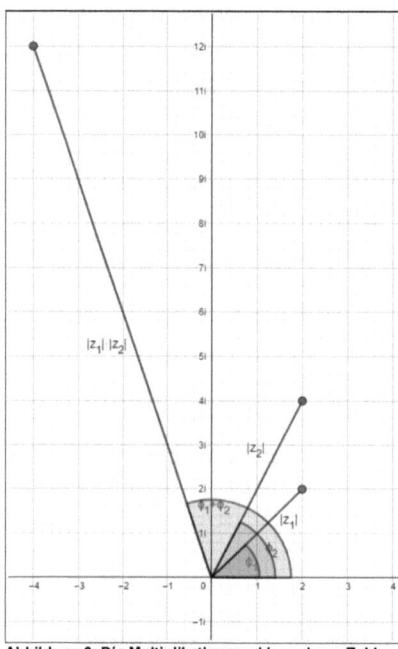

$$a:=r_a(\cos(\phi_a)+i\sin(\phi_a))$$

$$b:=r_b(\cos(\phi_b)+i\sin(\phi_b))$$

Nun multipliziert man a und b

$$a\cdot b=r_a(\cos(\phi_a)+i\sin(\phi_a))\cdot r_b(\cos(\phi_b)+i\sin(\phi_b))$$
$$a\cdot b=r_a\cdot r_b((\cos(\phi_a)\cos(\phi_b)-\sin(\phi_a)\sin(\phi_b))$$
$$i(\cos(\phi_a)\sin(\phi_b)+\cos(\phi_b)\sin(\phi_a)))$$

Das Additionstheorem [Q.10] besagt folgendes:

$$\sin(x\pm y)=\sin(x)\cos(y)\pm\cos(x)\sin(y)$$
$$\cos(x\pm y)=\cos(x)\cos(y)\mp\sin(x)\sin(y)$$

Folglich benötigt man das Additionstheorem, welches einem die Gleichung vereinfacht.

$$a\cdot b=r_a\cdot r_b(\cos(\phi_a+\phi_b)+i\sin(\phi_a+\phi_b))$$

Somit wurde die Eigenschaft der Multiplikation innerhalb der komplexen Zahlen bewiesen.

Abbildung 8: Die Multiplikation zwei komplexer Zahlen

Die Division einer komplexen Zahl sieht wie folgt aus.

$$v=1+2i \quad g=3-2i$$
$$\frac{v}{g}=\frac{v\cdot\bar{g}}{g\cdot\bar{g}}=\frac{(1+2i)\cdot(3+2i)}{(3-2i)\cdot(3+2i)}$$
$$=\frac{-1+8i}{13}=-\frac{1}{13}+\frac{8}{13}i$$

Man sieht, dass die komplementäre Form einer komplexen Zahl benötigt wird.

Die 3. binomische Formel $(a+b)(a-b)=a^2-b^2$ wird genutzt, damit im Nenner eine reelle Zahl entsteht. Nun benötigt man einen Beweis für die vorherigen Aussagen, dass die Winkel der komplexen Zahlen sich subtrahieren und die Beträge sich dividieren. Man benötigt zwei Zahlen in Polarkoordinatenform.

$$a,b\in\mathbb{C} \quad a:=r_a(\cos(\phi_a)+i\sin(\phi_a)) \quad b:=r_b(\cos(\phi_b)+i\sin(\phi_b))$$

Nun werden a und b miteinander dividiert.

$$\frac{a}{b} = \frac{r_a(\cos(\phi_a) + i\sin(\phi_a))}{r_b(\cos(\phi_b) + i\sin(\phi_b))}$$

Durch die davor gezeigte Division und dem Additionstheorem bekommt man als Ergebnis:

$$\frac{a}{b} = \frac{r_a}{r_b} \frac{(\cos(\phi_a - \phi_b) + i\sin(\phi_a - \phi_b))}{\cos^2(\phi_b) + \sin^2(\phi_b)}$$

Durch das Wissen des Satz des Pythagoras ist es einem möglich folgendes herzuleiten:

$GK^2 + AK^2 = HYP^2$ durch das teilen auf beiden Seiten mit dem HYP^2 ergibt sich

$\left(\dfrac{GK}{HYP}\right)^2 + \left(\dfrac{AK}{HYP}\right)^2 = 1$ und somit aufgrund der Identitäten von Sinus und Kosinus

$\sin^2(x) + \cos^2(x) = 1$.

Dadurch kann man den Nenner im Bruch 1 setzten und erhält:

$$\frac{a}{b} = \frac{r_a}{r_b}(\cos(\phi_a - \phi_b) + i\sin(\phi_a - \phi_b))$$

Damit sind die Eigenschaften der Division innerhalb der komplexen Zahlen hergeleitet.

[Q.1, S.317 – S.319] [Q.2, S.6 – S.9]

5. Die komplexe Exponentialfunktion

Das vorliegende Kapitel behandelt welche Bedeutung die Exponentialfunktion auf der komplexen Zahlenebene hat. Die Exponentialfunktion ist ein wichtiger Aspekt um die komplexen Zahlen in der Technik benutzten zu können. [vgl. Kapitel 7 Die Komplexe Wechselstromrechnung]

5.1 Eulersche Formel

Um eine komplexe Exponentialfunktion zu berechnen, benötigt man eine Form oder einen Rechenweg, welche einem die Exponentialfunktion Berechenbar macht. Um so eine Form zu bekommen betrachtet man die Taylorreihen drei bekannter Funktionen.

$$\sin(x)=\sum_{n=0}^{\infty}\frac{x^{2n+1}}{(2n+1)!}(-1)^n \qquad \cos(x)=\sum_{n=0}^{\infty}\frac{x^{2n}}{(2n)!}(-1)^n \qquad e^x=\sum_{n=0}^{\infty}\frac{x^n}{n!}$$

$$\sin(x)=x-\frac{x^3}{6}+\frac{x^5}{120}-... \qquad \cos(x)=1-\frac{x^2}{2}+\frac{x^4}{24}-... \qquad e^x=1+x+\frac{x^2}{2}+\frac{x^3}{6}...$$

Exkurs über Taylorreihen:

Eine Taylorreihe ist eine unendliche Potenzreihe einer unendlich differenzierbaren und stetigen Funktion. Stetige Funktion bedeutet, dass die Funktion in ihrem Wertebereich M an jedem Punkt existiert, dass jeder Punkt welcher grenzwertig berechnet wird definiert ist,somit auch der linksseitige sowie der rechtsseitige Grenzwert gleich sind und der Grenzwert eines Punktes das gleiche Ergebnis ist wie der Punkt selbst. Zusammengefasst sieht das folglich aus:

$1. f(x_0) \quad existiert \ bzw. \ definiert$
$2. \lim_{x \to x_0}(x) \quad existiert$
$3. \lim_{x \to x_0}(x)=f(x_0)$
$x_0 \in M$

Die Taylorreihe benötigt noch einen Wert a . Somit hat die Taylorreihe die folgende Form.

$$Tf(x;a)=\sum_{n=0}^{\infty}\frac{f^{(n)}(a)}{n!}(x-a)^n$$

$$Tf(x;a)=f(a)+f'(a)(x-a)+f''(a)\frac{(x-a)^2}{2}+f'''(a)\frac{(x-a)^3}{6}...\frac{f^{(n)}(a)}{n!}(x-a)^n$$

[Q.8, S.1 – S.2]

Man substituiert nun in die e-Funktion $i\phi$. Vergleicht man die neue Taylorreihe mit der Taylorreihe von Sinus und Kosinus erhält man folgende Erkenntnis.

$$e^{i\phi}=\sum_{n=0}^{\infty}\frac{(i\phi)^n}{n!}$$

$$e^{i\phi}=1+i\phi-\frac{\phi^2}{2}-i\frac{\phi^3}{6}+\frac{\phi^4}{24}+i\frac{\phi^5}{120}...$$

$$e^{i\phi}=(1-\frac{\phi^2}{2}+\frac{\phi^4}{24}...)+i(\phi-\frac{\phi^3}{6}+\frac{\phi^5}{120}...)$$

Die Taylorreihe vom Sinus wie die vom Kosinus sind in imaginärem und reellen Anteil getrennt. Somit bekommt man die Formel:

$$e^{i\phi}=\cos(\phi)+i\sin(\phi)$$

Diese Formel ist bekannt als die Eulersche Formel. Sie zeigt ebenso hervor wie die

Identität $e^{i\pi}=-1$ zu Stande kommt. Man muss lediglich π substituieren. Ebenso erhält damit die Exponentialfunktion auf komplexer Ebene ein periodisches Verhalten mit der Periodenlänge 2π. Dieses Verhalten gibt der Exponentialfunktion ebenfalls die folgende Eigenschaft.

$z,k\in\mathbb{C}$ $e^z=e^k$ daraus folgt nicht zwingend $z=k$

Die Eulersche Formel vereinfacht die Polarkoordinatenform welche somit folgend aussieht:

$z\in\mathbb{C}$ $z=|z|e^{i\phi}$

Damit sieht die Zahl aus Kapitel 3.3 anders aus $x_{1,2}=\sqrt{40}e^{\pm0.659i}$

[Q.2, S.27 – S.28 ; S.67 – S.68]

5.2 Der natürliche Logarithmus

Um den natürlichen Logarithmus auf die komplexe Zahlenebene zu erweitern betrachtet man die Polarkoordinatenform einer komplexen Zahl z .

$z=|z|e^{i\phi+2\pi i n}$ durch nutzten des $\ln()$ auf beiden Seiten bekommt man die Gleichung $\ln(z)=\ln(|z|)+i\phi+2\pi i n$, wobei $2\pi i n$ mit $n\in\mathbb{Z}$ berücksichtigt wurde, da die Exponentialfunktion sich periodisch verhält.

Somit ist der natürliche Logarithmus auf der komplexen Ebene definiert. Der natürliche Logarithmus wird nun komplexer Logarithmus genannt. Durch die Definition des komplexen Logarithmus ist es einem nun möglich Potenzen mit imaginärer Basis sowie imaginärem Exponenten zu berechnen. Als Beispiel:

$$i^i=e^{\ln(i)i}$$
$$\ln(i)=\ln(1)+\frac{\pi}{2}i+2\pi i n$$
$$e^{i^2\left(\frac{\pi}{2}+2\pi n\right)}=e^{-\frac{\pi}{2}-2\pi n}$$
$$i^i=e^{-\frac{\pi}{2}-2\pi n} \quad ,n\in\mathbb{Z}$$

[Q.7]

6. Trigonometrie auf komplexer Zahlenebene

Die Trigonometrie auf komplexer Ebene ist sehr stark im Zusammenhang mit der komplexen Exponentialfunktion was in 5.1 [Eulersche Formel] sichtbar ist. Die Trigonometrie hat im Verhältnis zu der Exponentialfunktion auch auf der reellen Ebene ein periodisches Verhalten, weswegen die komplexe Betrachtung der Trigonometrie wichtig ist um das Fundament der komplexen Zahlen zu erstellen.

6.1 Sinus, Kosinus und Tangens

Um den Sinus bzw. Kosinus auf komplexer Ebene herzuleiten, benötigt man die Eulersche Formel.

$$e^{i\phi} = \cos(\phi) + i\sin(\phi)$$

Wenn man nun das Vorzeichen von ϕ negiert, bekommt man folgende zwei Gleichungen.

$$e^{i\phi} = \cos(\phi) + i\sin(\phi) \quad \text{und} \quad e^{-i\phi} = \cos(\phi) - i\sin(\phi)$$

Diese stellt man in Summe zu einander und erhält die Gleichungen.

$$e^{i\phi} + e^{-i\phi} = \cos(\phi) + i\sin(\phi) + (\cos(\phi) - i\sin(\phi)) \quad \text{daraus entsteht} \quad e^{i\phi} + e^{-i\phi} = 2\cos(\phi) \quad \text{und}$$

durch teilen von 2 auf beiden Seiten erhält man $\quad \cos(\phi) = \dfrac{e^{i\phi} + e^{-i\phi}}{2}$

Das Gleiche macht man jetzt nur als Differenz.

$$e^{i\phi} - e^{-i\phi} = \cos(\phi) + i\sin(\phi) - (\cos(\phi) - i\sin(\phi)) \quad \text{daraus wird} \quad e^{i\phi} - e^{-i\phi} = 2i\sin(\phi) \quad \text{und}$$

durch teilen von 2 auf beiden Seiten erhält man $\quad \sin(\phi) = \dfrac{e^{i\phi} - e^{-i\phi}}{2i}$

Den Tangens kann man nun durch die folgende Eigenschaft herleiten.

$$\tan(\phi)=\frac{\sin(\phi)}{\cos(\phi)}$$

$$\tan(\phi)=-i\frac{e^{i\phi}-e^{-i\phi}}{e^{i\phi}+e^{-i\phi}}$$

Somit sind Sinus, Kosinus und Tangens hergeleitet.

[Q.2, S.67 – S.68]

6.2 Arkusfunktionen auf komplexer Zahlenebene

Nach der Herleitung von Sinus, Kosinus und Tangens muss man die Umkehrfunktion ebenfalls herleiten. Um die Arkusfunktionen von Sinus und Kosinus herzuleiten, betrachtet man die komplexen Definition von Sinus und Kosinus. Den komplexen Definition muss man nun lediglich die Umkehrfunktion zuordnen. Die genaue Umstellung wurde nicht hinzugefügt, nur die Ergebnisse.

$$\sin(\phi)=\frac{e^{i\phi}-e^{-i\phi}}{2i}$$

$$\arcsin(z)=-i\ln\left(iz+\sqrt{1-z^2}\right)$$

$$\cos(\phi)=\frac{e^{i\phi}+e^{-i\phi}}{2}$$

$$\arccos(z)=-i\ln\left(z+i\sqrt{1-z^2}\right)$$

Die Umkehrfunktion vom Arkustangens ist nicht elementar lösbar. Deswegen nimmt man Gebrauch an einer Identität vom Arkustangens.

$$\int_0^x \frac{1}{t^2+1}\,dt=\arctan(x)$$

Das bedeutet, die Lösung des Integrals ist eine ausgeschriebene Form des Arkustangens. Durch Partialbruchzerlegung ist das Lösen des Integrals möglich. Das Ergebnis sieht wie folgt aus:

$$\int_0^x \frac{1}{t^2+1}\, dt = \frac{1}{2} i \ln(1-ix) - \frac{1}{2} i \ln(1+ix)$$

[Q.4][Q.9]

7. Die komplexe Wechselstromrechnung

Die Mathematik hat durch die Entdeckung der komplexen Zahlen Hilfestellungen gegeben. Ein Ergebnis davon ist die komplexe Wechselstromrechnung. Sie vereinfacht die Rechnung von Wechselspannungen, erzeugt komplexe Widerstände die Kondensatoren und Spulen bei Wechselspannung besitzen und erzeugt die Möglichkeit Schaltungen wie ein Hochpass zu berechnen.

7.1 Neue Definitionen innerhalb der Elektrotechnik

In der Elektrotechnik wird die imaginäre Einheit i durch j ersetzt, da i in der Elektrotechnik die Stromstärke repräsentiert. Ebenso schreibt man die Polarkoordinaten Form folglich anders:

$$z \in \mathbb{C} \quad a,b \in \mathbb{R} \quad j^2 = -1$$
$$z = a + bj = r \cdot e^{j\phi} = r \angle \phi$$

Nun muss man noch unterscheiden können zwischen reeller Wechselspannung bzw. reellem Wechselstrom und der imaginären Wechselspannung bzw. dem imaginären Wechselstrom. Die reelle Wechselspannung ist die Funktion $u(t)$ während die imaginäre Wechselspannung die Funktion $\underline{u}(t)$ ist. Der reelle Wechselstrom ist die Funktion $i(t)$ und der imaginäre Wechselstrom hat die Funktion $\underline{i}(t)$.

$$u(t) = \hat{u} \cdot \sin(\omega t + \phi_u) \quad i(t) = \hat{i} \cdot \sin(\omega t + \phi_i)$$
$$\underline{u}(t) = \hat{u} \angle (\omega t + \phi_u) \quad \underline{i}(t) = \hat{i} \angle (\omega t + \phi_i)$$

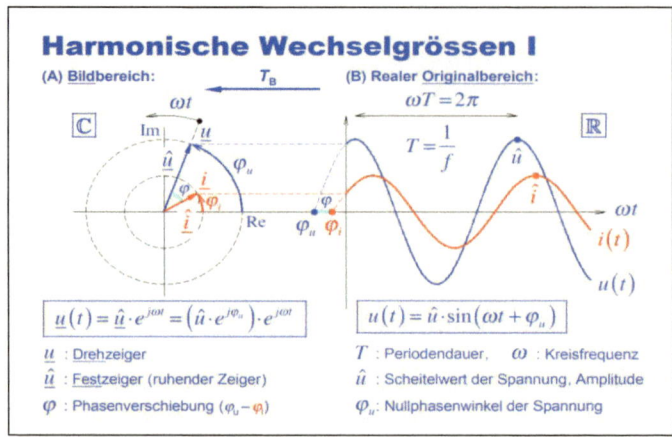

Abbildung 9: [Q.3, S.216]

Die Abb.9 veranschaulicht die Unterschiede detaillierter. Der Grund zu diesen Darstellung

liegt in der Funktion e^x. Beim integrieren bzw. differenzieren verändert sich die

Funktion nicht, welches bei langen Rechnungen die Arbeit im hohen Maß vereinfacht.

[Q.3, S.210 – S.219]

7.2 Der komplexe Widerstand oder die Impedanz

Durch die Einführung der komplexen Zahlen in der Elektrotechnik ist es einem nun

möglich, komplexe Widerstände zu erzeugen. Ein komplexer Widerstand wird auch

Impedanz genannt. Diese haben die Eigenschaft, dass sie die Phasenverschiebung

zwischen dem Strom und der Spannung direkt mit enthalten. Als Beispiel hat man zwei

Zeiger, einen Stromzeiger und einen Spannungszeiger. Nun möchte man den komplexen

Widerstand berechnen. Das passiert wie mit reellen Gleichspannungen und

Gleichstromstärken, man teilt die Spannung mit der Stromstärke und erhält folgendes:

$$\frac{U}{I} = R$$

Auf die komplexe Ebene übertragen sieht es so aus:

$$\frac{u}{i} = Z$$

$$Z = \frac{\hat{u}\,e^{j(\omega t + \phi_u)}}{\hat{i}\,e^{j(\omega t + \phi_i)}} = \frac{\hat{u}}{\hat{i}}\,e^{j(\phi_u - \phi_i)}$$

Wenn die Frequenz zwischen Spannung und Strom Identisch sind, haben diese keinen Einfluss auf den komplexem Widerstand. Doch man sieht ebenso, dass der Winkel der komplexen Zahl nun der Winkel der Phasenverschiebung ist. Dieser Vorgang ist genau das gleiche, was bei der Division zweier komplexer Zahlen in 4.2 [Multiplikation und Division] geschieht. Der Radius der Impedanz wird als Scheinwiderstand bezeichnet, der Imaginärteil Blindwiderstand und der Realteil als Wirkwiderstand. Eine Impedanz ist bei einem Kondensator sowie einer Spule existent, doch man leitet sie wie folgt her.

$C = \frac{i \cdot \Delta t}{u}$ durch multiplizieren mit $\frac{u}{\Delta t}$ auf beiden Seiten erhält man $\frac{uC}{\Delta t} = i$. Danach

kann durch das Δt ein Differenzial erstellt werden $C\frac{du}{dt} = i$. Es wurde Analog dazu direkt die komplexe Stromstärke und Spannung eingefügt. Das Differenzial wird nun

gelöst und man erhält $\hat{u}\,e^{j\omega t + \phi_u} \cdot j\omega C = i$. Durch nun elementarer Umstellungen erhält

man $\frac{u}{i} = \frac{1}{j\omega C}$, damit ist einem die Impedanz des Kondensators bekannt. Die

Impedanz des Kondensators wird mit X_C beschrieben, jedoch wird analog dazu auch oft der Scheinwiderstand des Kondensators mit X_C beschrieben. In dieser Facharbeit ist X_C nur die Impedanz.

Vergleichbar ist die Herleitung von der Impedanz einer Spule, da dies das gleiche Prinzip wird nur die Anfangsgleichung und die Endgleichung gezeigt.

Die Anfangsgleichung lautet $L \cdot i = u \cdot \Delta t$ und das Ergebnis ist $\frac{u}{i} = j\omega L = X_L$

Somit hat man Formeln um die Impedanz von Spulen und Kondensatoren zu erhalten.

[Q.3 S.220 – S.226]

7.3 Anwendung der Impedanz Tiefpass

Die Herleitung der Impedanz vom Kondensator und der Spule haben alleine wenig
Vorteile, bis man dazu passende Schaltungen findet. Eine passende Schaltung ist der
Tiefpass. Der Tiefpass hat die Funktion Frequenzen bis zu einer gesetzten Grenze
passieren zu lassen. Wie hoch diese Grenze ist,
ist variabel. Auf der rechten Seite sieht man in
Abbildung 10 ein passiven Tiefpass mit einer RC-
Verknüpfung, dies bedeutet dass man in dieser
Schaltung einen Widerstand und einen
Kondensator als Filter benutzt. Als andere
Tiefpässe gelten die RL- oder die LC-
Verknüpfung. Nun möchte man den Tiefpass so

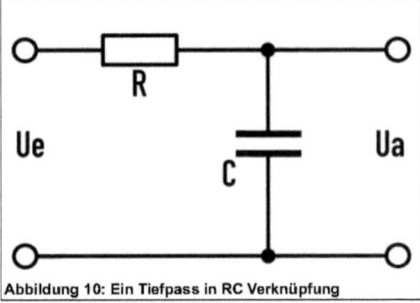

Abbildung 10: Ein Tiefpass in RC Verknüpfung

verwenden, dass man selbst entscheiden kann wie hoch die Grenzfrequenz sei. Die
Grenzfrequenz vom Tiefpass existiert genau dann, wenn der Scheinwiderstand vom
realen Widerstand R gleich ist mit dem Scheinwiderstand vom Kondensator. Der

Scheinwiderstand des Kondensators ist $\dfrac{1}{\omega C}$.

Nun muss den Scheinwiderstand vom Widerstand R mit dem Scheinwiderstand von
dem Kondensator gleich gesetzt werden und nach f umgeformt werden um die

Grenzfrequenz zu berechnen. Es entsteht die Gleichung $\dfrac{1}{\omega C}=R$. Da $\omega=2\pi f$ ist.

Kann man nach f umformen und erhält $\dfrac{1}{2\pi R C}=f$. f ist die Grenzfrequenz und

damit sieht die Lösung so aus $\dfrac{1}{2\pi R C}=f_g$.

Die Grenzfrequenz f_g ist nun bekannt, jedoch gibt es in der Realität immer kleine
Spannungsverluste. Somit muss man herleiten, welche Ausgangsspannung im Verhältnis
zur Eingangsspannung herrscht.

Der Vorteil ist in diesem Fall, dass der Tiefpass die Anordnung eines Spannungsteilers hat

$$\frac{U_a}{U_e} = \frac{R_2}{R_2 + R_1}$$. In dem Fall des Tiefpass ist $R_2 = X_C$ und $R_1 = R$ somit ergibt sich die

Formel $H = \frac{X_C}{X_C + R}$ mit X_C als die Impedanz des Kondensator und H als das

komplexe Verhältnis der Ausgangsspannung und der Eingangsspannung. Somit muss

man die Formel für die Realität nutzbar machen. In $H = \frac{X_C}{X_C + R}$ wird nun die Impedanz

des Kondensators eingesetzt und man erhält $H = \dfrac{\dfrac{1}{j\omega C}}{\dfrac{1}{j\omega C} + R}$. Durch elementares

Umformen bekommt man $H = \frac{1}{1 + R\,j\omega C}$ als komplexes Verhältnis.

Die komplexe Zahl muss man folglich in den Betrag stellen, um den Amplitudengang für

die Elektrotechnik zu erhalten. Das Ergebnis lautet $H = \dfrac{1}{\sqrt{1 + (R\omega C)^2}}$ mit $H = \dfrac{U_a}{U_e}$.

Somit existiert eine Formel, um die Ausgangsspannung zu berechnen sie lautet

$$U_a = \frac{U_e}{\sqrt{1 + (R\omega C)^2}}$$. Wichtig ist, dass die Herleitung bei einem Tiefpass in RL-Anordnung

ähnlich wäre, nur mit dem Unterschied das die Impedanz bei der Spule anders ist und das

der Kondensator und Widerstand Plätze tauschen.

[Q.5, S.1 – S.6]

7.4 Der Hochpass das Gegenstück zum Tiefpass

Es gibt die Möglichkeit, dass man nicht eine maximale sondern eine minimale Frequenz

passieren lassen möchte. Dies funktioniert mit einem Hochpass, welcher die Funktion hat, keine Frequenzen unterhalb der Grenze passieren zu lassen. Da sich der Hochpass fast identisch verhält wie der Tiefpass, da der Hochpass den gleichen Aufbau hat wie der Tiefpass. Der Unterschied ist das der Kondensator bzw. die Spule mit dem Widerstand getauscht wurde. Die Grenzfrequenz existiert genau

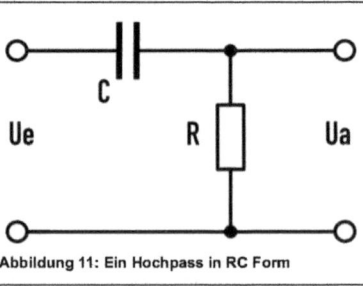

Abbildung 11: Ein Hochpass in RC Form

an dem Punkt wo der Blindwiderstand des Kondensators identisch mit dem Wirkwiderstand R ist. Die gleiche Rechnung wie beim Tiefpass in 7.3 .

$$\frac{1}{2\pi RC}=f_g$$

Unterschiedlich ist das Spannungsverhältnis bei einem Hochpass, da jedoch die gleiche Methode wie in 7.3 angewendet werden muss wird diese übersprungen.

$$U_a=U_e\frac{R\omega C}{\sqrt{1+(R\omega C)^2}}$$

[Q.6, S.1 – S.4]

8. Schluss

Am Ende dieser Facharbeit sieht man die hohe Komplexität der komplexen Zahlen. Sie erweitern die Dimensionen der reellen Zahlen, erweitern einige Funktionen in ihrem Definitionsbereich und helfen verschiedenen Techniken wie der Elektrotechnik bei Berechnungen. Die komplexen Zahlen sind jedoch viel umfangreicher als sie in diesem Fundament dargestellt sind. Sie erweitern die ganzen Analysis zu der Funktionstheorie im Englischen auch „complex analysis" genannt, können durch Darstellung als Funktion Eigenschaften über Primzahlen verraten und noch einiges mehr. Das Ziel dieser Facharbeit war die Grundlagen der komplexen Zahlen klar darzustellen. Die wichtigsten Themen der Facharbeit waren damit die Arithmetik und die Darstellungsarten der komplexen Zahlen. Der Leser sollte nun nach behandeln dieser Facharbeit eine runde Grundlage haben um verschiedene Bereiche über komplexe Zahlen lernen und verstehen zu können.

9. Literaturverzeichnis

Q.1:

Hans von Mangoldt: Höhere Mathematik. S.Hirzel Wissenschaftliche Verlagsgesellschaft Stuttgart, 1990, 17.Auflage.

Q.2:

wikibooks: komplexe Zahlen. de.wikibooks.org, 2015, Stand: 28.10.18, https://upload.wikimedia.org/wikipedia/commons/a/aa/Komplexe_Zahlen.pdf .

Q.3:

Ingo Wolff: Grundlagen der Elektrotechnik Band 2 Wechselstromrechnung und elektrische Netzwerke, Verlag Wolff, 2004, 7.Auflage.

Q.4:

https://de.wikipedia.org/wiki/Arkussinus_und_Arkuskosinus Stand: 28.10.18

Q.5:

http://www.schruefer-messtechnik.de/EMT-Uebungen/Loesungen/1.2.1-rc_tiefpass_frequenz-02b.pdf Stand: 28.10.18

Q.6:

http://www.schruefer-messtechnik.de/EMT-Uebungen/Loesungen/1.2.2-rc_hochpass_frequenz-02b.pdf Stand: 28.10.18

Q.7:

http://mathworld.wolfram.com/NaturalLogarithm.html Stand: 28.10.18

Q.8:

http://tqd1.physik.uni-freiburg.de/Vorlesung/KlassischeMechanikSS02/Taylor/taylor11.pdf Stand: 28.10.18

Q.9:

https://de.wikipedia.org/wiki/Arkustangens_und_Arkuskotangens Stand: 28.10.18

Q.10:

https://mathepedia.de/Additionstheoreme.html Stand: 05.11.18

10. Abbildungsverzeichnis

Abbildung 1: Der reelle Zahlenstrahl...S.4

Abbildung 2: Das Vektorfeld..S.5

Abbildung 3: Die gaußsche Ebene...S.5

Abbildung 4: Polarkoordinaten auf der gaußschen Ebene..S.7

Abbildung 5: Addition zwei komplexer Zahlen..S.10

Abbildung 6: Subtraktion zwei komplexer Zahlen...S.10

Abbildung 7: Die komplexe Zahl b-a..S.11

Abbildung 8: Die Multiplikation zwei komplexer Zahlen...S.12

Abbildung 9: [Q.3, S.216]...S.20

Abbildung 10: Ein Tiefpass in RC Verknüpfung..S.22

Abbildung 11: Ein Hochpass in RC Form...S.24

Alle Abbildungen bis auf Abbildung 9 sind selbsterstellt.

11.Stichwortverzeichnis

2
2-Dimensionale...................................4
2-Dimensionalen.............................4, 9
A
Achse..6
addieren..11
addiert..9
Addition....................................3, 9, 10
Additionstheorem.........................12, 13
algebraische....................................4, 7
Algebraische.....................................2
algebraischen..................................3, 8
Ankathete..7
Arbeit..20
Argument...8
Arithmetik..3, 9
Arkusfunktionen................................18
Arkustangens..................................8, 19
aufsummiert.......................................2
Ausgangsspannung........................22, 23
B
Basis...16
Beispiel......................3, 9, 11, 16, 20
Betrag...23
Beträge...11, 12
Betrages..11
Betragsfunktion...................................8
Beweis..12
Blindwiderstand.............................22, 24
Bruch..13
C
Cardanus...2
D
Darstellungen.....................................3
Darstellungsform.................................4
definiert..8, 16
Definition.....................................3, 16, 18
Diagonale...10
Differenz..17
differenzieren....................................20
Distributivgesetz................................11
dividieren......................................11, 12
dividiert..13
Division....................3, 6, 11-13, 21

Dreieck..7, 8
E
Ebene.....................4, 6, 11, 15-17, 21
Eingangsspannung........................22, 23
Elektrotechnik.............................19, 20, 26
Ergebnis.......................2, 10, 13, 19
Eulersche....................................14, 15, 17
Exponenten.......................................16
Exponentialfunktion......................14, 15, 17
F
Form.................2-4, 6-8, 12, 14, 19
Formel.............2, 12, 14, 15, 17, 23
Formeln..21
Frequenz......................................21, 24
Frequenzen...................................22, 24
Funktion...................3, 14, 15, 19, 20
Funktionen..14
G
Gauß..3
gaußsche...4, 6
gaußschen.......................................6, 11
Gegenkathete.....................................7
geometrische....................................10
geometrischen...................................11
geradzahligen.....................................2
Gleichspannungen..............................20
Gleichstromstärken............................20
Gleichung......................................2, 12
Gleichungen.......................................2
Grenze...22, 24
Grenzfrequenz...............................22, 24
H
hergeleitet....................................13, 18
herleiten...17
herzuleiten.................................13, 17, 18
Hieronimo Cardanus.............................2
Hochpass.....................................19, 24
horizontal...6
Horizontale.......................................4, 6
Hypotenuse..7
I
Identität...15
imaginäre...................................3, 6-8, 19
imaginärem.......................................16

imaginären..............................7, 9, 19
imaginärer................................16
Imaginärteil..............................4
Imaginärteile.............................9
Impedanz..............................20-23
Integrals................................19
integrieren..............................20
K
Kommutativität............................11
komplementär..............................6
komplementäre.........................6, 12
komplexe. 3, 4, 6, 8, 9, 11, 14, 16, 19-21, 23
Komplexe....................4, 14, 26
komplexem..............................21
komplexen.............1-4, 6, 7, 9-14, 16-21
komplexer................10, 15-18, 20, 21
Kondensator........................21-24
Kondensatoren..........................19, 21
Kondensators..........................22, 24
konjugierte................................6
Koordinatenachsen........................6
Körper...................................3
Kosinus................7, 15, 17, 18
L
Linearfaktor..............................3
Logarithmus..............................16
lösen....................................2
Lösen...................................19
Lösung..................................2
Lösungen...............................2, 3
M
Mathematik...............2, 3, 19, 26
mathematische............................3
Merkmale................................11
Muhammed ibn Mûsâ Alchwârizmî.............2
Multiplikation...........3, 6, 11, 12, 21
multiplizieren...........................11
multipliziert..........................2, 12
N
n-Grades.................................3
n-Polynome...............................3
n-reelle.................................3
natürliche...............................16
negative.................................2
negativen................................3
Nenner................................12, 13
Nullstellen..............................3
O

Operation...............................10
P
Parallelogramm..........................10
Partialbruchzerlegung...................19
Periodenlänge...........................15
periodisches............................15
Phasenverschiebung...................20, 21
Polarkoordinaten......................7, 19
Polarkoordinatenform......6, 8, 11, 12, 15, 16
Polynom..................................3
Potenzen................................16
Potenzreihe.............................14
pq-Formel...............................2
Punkt...................................6
Punkte..................................6
Pythagoras...........................8, 13
Q
quadratische............................2
quadratischen...........................2
R
Radius................................7, 8
Raum....................................6
Realteil................................4
Realteile...............................9
Rechenweg...............................14
Rechnungen..............................20
rechtwinkligen..........................8
rechtwinkliges..........................7
reelle...............3, 6-9, 12, 19
reellen.............3, 6, 7, 9, 11, 15, 20
reeller.................................19
S
Sinus.................7, 15, 17, 18
Spannung.............................20, 21
Spannungsverhältnis.....................24
Spannungsverluste.......................22
Spannungszeiger.........................20
Spule................................21-24
Spulen...............................19, 21
Strom................................20, 21
Stromstärke..........................19, 20
Stromzeiger.............................20
subtrahieren.........................11, 12
subtrahiert.............................9
Subtraktion..........................3, 9, 11
Summe...................................17
T
Tangens..............................17, 18

Taylorreihe..14, 15
Taylorreihen...14
Theorien..3
Tiefpass...22-24
Trigonometrie.......................................17
U
Umkehrfunktion......................................18
Ursprung..6, 10, 11
V
Vektor..4, 6, 9
Vektorrechnung.................................9, 10
Vektors..4
Verhalten...10, 15
Verhältnis......................................9, 22, 23
vertikal..6
vertikale...4, 6
Vertikale...6
W
Wechselspannung..................................19
Wechselspannungen.............................19

Wechselstrom.......................................19
Wechselstromrechnung...............14, 19, 26
Werk...2
Widerspruch..9
Widerstand............................20-22, 24
Widerstände....................................19, 20
Winkel.....................6, 7, 11, 12, 21
Winkelbestimmung..................................8
Winkels...11
Wirkwiderstand......................................24
Wurzel...2
Wurzeln..2, 3
Z
Zahl....................2-4, 6, 7, 9, 11, 12, 16, 21
Zahlen..................1-4, 6, 8-14, 19-21, 26
Zahlenebene.............................3, 4, 16-18
Zahlenmenge...3
Zahlenstrahl..3, 4
zweidimensionalen..................................6